袋鼠

[美] 梅利莎·吉什 著

汪玉霜 译

浙江出版联合集团

浙江文艺出版社

Published in its Original Edition with the title
Kangaroos
Copyright © 2011 Creative Education. Creative Education is an imprint of
The Creative Company, Mankato, MN, USA.
This edition arranged by Himmer Winco
© for the Chinese edition：Zhejiang Literature and Art Publishing House

本书中文简体字版由北京 **Himmer Winco** 永 固 興 碼 文化传媒有限公司独家授予
浙江文艺出版社有限公司。
版权合同登记号：图字：11-2015-333号

图书在版编目（CIP）数据

袋鼠/（美）梅利莎·吉什著；汪玉霜译. —杭州：
浙江文艺出版社，2018.1
ISBN 978-7-5339-4779-8

Ⅰ．①袋… Ⅱ．①梅… ②汪… Ⅲ．①有袋目－普及
读物 Ⅳ．①Q959.82-49

中国版本图书馆CIP数据核字（2017）第036891号

策划统筹	诸婧琦	责任编辑	陈富余
装帧设计	杨瑞霖	责任印制	吴春娟

袋鼠

作　者　[美]梅利莎·吉什
译　者　汪玉霜

出　版　浙江出版联合集团 浙江文艺出版社
地　址　杭州市体育场路347号
网　址　www.zjwycbs.cn
经　销　浙江省新华书店集团有限公司
印　刷　上海中华商务联合印刷有限公司
开　本　889毫米×1194毫米　1/12
印　张　4
插　页　4
版　次　2018年1月第1版　2018年1月第1次印刷
书　号　ISBN 978-7-5339-4779-8
定　价　29.80 元（精）

夕阳西下，落在远处的地平线上，看上去像个橘黄的球，

飘浮在漫无边际的草地边缘。

在澳大利亚的沃伦本格国家公园，

炎热的夏日午后，袋鼠们正伸着懒腰……

夕阳西下，落在远处的地平线上，看上去像个橘黄的球，飘浮在漫无边际的草地边缘。在澳大利亚的沃伦本格国家公园，炎热的夏日午后，袋鼠们稀稀拉拉地躺在树荫下，慵懒地睡着午觉，有几只刚刚醒来，正伸着懒腰。

　　傍晚，气温逐渐下降，袋鼠们一如既往地开始晚餐，在草丛和鲜嫩的灌木丛中大快朵颐（yí）。一只袋鼠妈妈站起来，它的宝宝从妈妈肚子前面的育儿袋中探出脑袋，环望四周，然后伸出前肢，弯下腰，用小小的爪子试探着感触草地，然后跳了出来——这是它第一次从妈妈的口袋里出来。它兴奋地围着妈妈跳，偶尔弯下腰来吃几口草，不一会儿就累了。休息的时候，它用尾巴支撑着地面，保持身体平衡。突然，一只老鹰从空中尖啸着飞下来，冲向袋鼠宝宝，吓得它赶紧蹦跳着回到妈妈身边，一头钻进妈妈的口袋里。

今天的发现之旅到此结束，明天再继续吧。

它们住在哪儿

- 东部灰袋鼠
  澳大利亚东部，
  塔斯马尼亚岛

- 西部灰袋鼠
  澳大利亚西部与
  南部

- 红袋鼠
  澳大利亚中部

- 羚大袋鼠
  澳大利亚北部

- 黑大袋鼠
  澳大利亚北部

- 岩大袋鼠
  除沿海和热带
  地区的澳大利
  亚各处

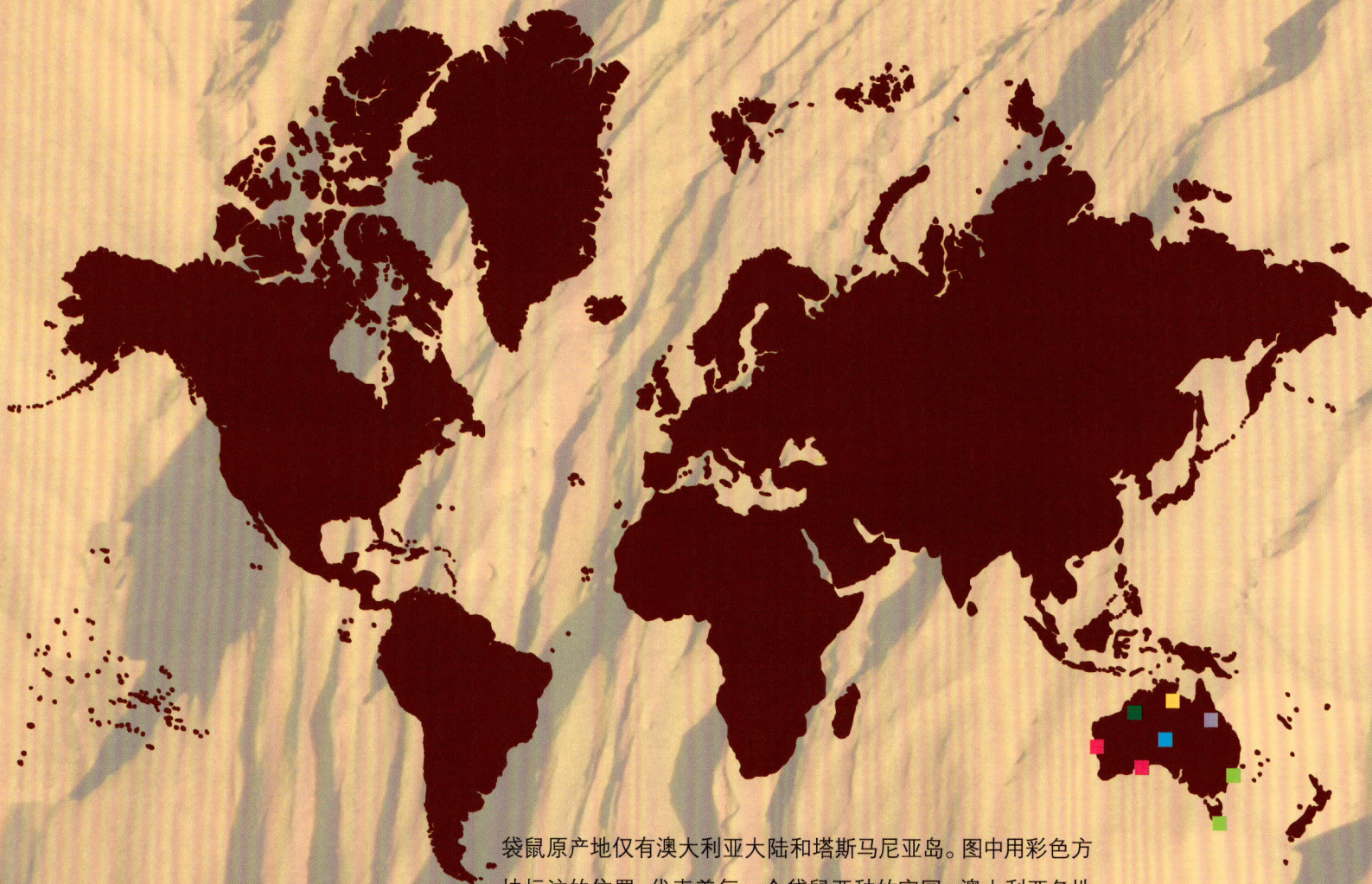

袋鼠原产地仅有澳大利亚大陆和塔斯马尼亚岛。图中用彩色方块标注的位置，代表着每一个袋鼠亚种的家园。澳大利亚各地区气候不同，袋鼠的六个亚种已经适应了不同的生活环境，有些袋鼠喜欢温暖干燥的中部和西部地带，另一些则更喜欢气候更温和的东部和北部森林。

"跳远冠军"

袋鼠科大约有 53 个成员，袋鼠只是其中之一。它们居住在澳大利亚、新西兰和新几内亚岛，以及周边的一些岛屿上。袋鼠科动物有着平整的切削齿、强有力的尾巴，以及宽大的后脚。袋鼠科物种除袋鼠外，还有短尾矮袋鼠、沙袋鼠、小型沙袋鼠，以及树袋鼠，其中短尾矮袋鼠濒临灭绝。

有六种动物，它们同样有着长达 25 厘米的强大后腿，科学家们也把它们归类到袋鼠科。这六种袋鼠科动物分别是东部灰袋鼠、西部灰袋鼠、红袋鼠、羚大袋鼠，以及黑袋鼠和常见的大袋鼠。Macropod一词源于拉丁语和希腊语，意为"大脚"。所有的袋鼠科动物，除树袋鼠以外，后腿都很长，后脚掌也很大。Kangaroo 这一名称源自澳大利亚北部地区的土著语，是 gungurru 的变体，gungurru 在土著语中是指一种现存的袋鼠，而 kangaroo 现在则是所有袋鼠的总称。

袋鼠是哺乳动物。哺乳动物中，除了鸭嘴兽和针

在以跳跃为主要前进方式的动物中，只有袋鼠和袋鼠的近亲物种体重超过了 4.5 千克。

袋獾以动物尸体为食，它们会猎杀小袋鼠。

鼹（yǎn）是卵生，其他都是胎生，它们都会分泌乳汁，给幼体哺乳。哺乳动物作为恒温动物，身体需要保持在一个健康的恒温状态，这个温度通常高于周围环境温度。袋鼠居住的环境气候炎热，它们通常通过舔舐（tiǎn shì）前肢来给身体降温，唾液蒸发时会带走身体的热量，使皮下血液温度下降。袋鼠也会像狗一样喘气，给身体降温。

地球上的有袋目动物即"长着口袋的动物"有约250种，袋鼠科只是其中很小一部分。在有袋目动物中，只有在雌性的肚子上，才会长出厚厚的口袋，宝宝的整个幼年时期都在这个口袋中度过。袋鼠是世界上最大的有袋目动物。在澳大利亚的袋鼠栖息地，还生活着其他有袋目动物，它们的身材要比袋鼠小一些，比如考拉、袋熊、袋獾（huān），还有缟（gǎo）食蚁兽，也就是人们熟知的袋食蚁兽。

在袋鼠科动物中，要数红袋鼠体形最大。雄性红袋鼠身高1.8米，体重达90千克。红袋鼠平均身长为

袋鼠的听力超群，它们的耳朵大且丰满，
还可以四周转动。

与雄性红袋鼠不同的是，雌性红袋鼠的毛发带着一抹蓝灰色，它们还因此得名"蓝袋鼠"。

1.5 米，并且尾巴长达 1.2 米。雌性红袋鼠要小一些，身高很少能够达到 1.8 米。其他种类的袋鼠体形可与红袋鼠相媲（pì）美，然而它们进化出了不同的特点，这样才能适应所居住的环境。

袋鼠的皮毛厚实，却像天鹅绒一样柔软，可以有效地保护袋鼠。有了它，袋鼠就能够在灌木丛中自由穿行，不会被植物的刺扎伤。同时，它的毛皮还有隔热保暖的作用。灰袋鼠的毛发主要是灰色——它也因此而得名，腹部颜色发白，尾巴尖呈黑色，口鼻及下巴周围都有绒毛。雄性红袋鼠毛发呈棕红色，而雌性则是蓝灰色，它们只在鼻子处有绒毛。大袋鼠毛发偏红，前腹部颜色偏白，鼻子没有绒毛。

袋鼠是食草动物，它们只吃一些地面植被，如草叶、灌木叶，还有能够得着的树叶。袋鼠的前牙，也就是门牙，很适于吃草，连贴近地面的草都能够吃得到。它口腔里面的牙齿是白（jiù）齿，非常锋利，能够把食物磨碎，变成好消化的食糜（mí）。袋鼠的双

袋鼠视力不错，但一般只对移动的物体有反应。

雌性袋鼠还被称作"阿杜""吉尔"，雄性袋鼠的别名是"小伙子""杰克"，还有"老年人"。

颌各有四对白齿，长时间的咀嚼会使靠前的白齿严重磨损，最终脱落。然后它们就会使用靠后的白齿。等到袋鼠18—20岁，年老的时候，嘴里就只剩下一对白齿了。

一只成年袋鼠每天要吃约7千克的植物。要消化掉这么多的植物纤维，袋鼠需要有个特别的胃——袋鼠的胃分为四个部分。吃下去的食物进入胃叫作瘤胃的部分，细菌和胃酸会先将食物软化。然后食物会

返回口中，这些反刍(chú)的食物被再次咀嚼和吞咽，才算完成进食。袋鼠吃的食物都是植物，含有大量的水分，因此它们即使不喝水，也能存活很长时间。如果植物水分不够，需要喝水时，袋鼠会在地上挖坑，直到挖出水来，通常大概要挖 1 米深。

红袋鼠生活在澳大利亚的中心地带，那里是一片炎热干燥的草原。灰袋鼠和羚大袋鼠受不了炎热的气候，因此它们生活在澳大利亚中部以外的地方，那

炎热的天气里，袋鼠在找到水源地后 30 分钟内就能够饮得满足它身体需要的水。

岩袋鼠的脚底有一层肉垫，又厚又硬，这样可以保证它们轻松穿过岩石小道。

东部灰袋鼠和西部灰袋鼠有时候也会互相交配，但是它们生的混血宝宝没有生育能力。

里是草原的边缘地带，植被也更为丰富。大袋鼠主要生活在澳大利亚北部和东北部，那里都是山区，中午最炎热的时候，大袋鼠都待在洞穴里面休息。

大袋鼠很少进行长距离的觅食，因此它们的腿进化得相对较短，但粗壮一些，尤其是与灰袋鼠和红袋鼠这些领地里食物短缺时去 161 千米以外的地方觅食的同类相比。袋鼠们并不会跑，它们只跳跃前行，因为它们拥有强壮的后腿和硕大的脚掌，这样的身体结构使得它们很擅长跳跃。袋鼠 75% 的重心都在身体后半部，主要是后腿和臀部，这两个部位肌肉特别发达。在短距离内，袋鼠的前行速度可达每小时 71 千米，跳跃高度达 3 米。

袋鼠在起跳的时候，为了保持身体平衡，需要把沉重的尾巴抬起来。它们的后腿肌腱（jiàn）强壮有力，像弹簧一样，能连续跳跃好几个小时都不觉得累。袋鼠巡游的时候，平均时速能达到 21—26 千米。有时候，袋鼠也会前肢着地，用后腿辅助，推动身体在地上爬行。袋鼠后腿长有四个脚趾，中间的两个脚趾并在一起，共用一个又长又尖的爪子，可以梳理毛发，也

具有防御功能。袋鼠的前肢各有五个尖尖的"手指"，同样可以梳理毛发，也可以抓取食物。袋鼠每天都要花很长时间来梳理毛发，因为有些虫子藏在其中。

起跳前，袋鼠必须将尾巴支在地面，起跳时再抬起尾巴，这样有助于它保持平衡。

除非是与国外进行交换，以充实本国动物园的物种，否则，根据澳大利亚的法律，出口活的袋鼠是不允许的。

尽情跳跃

袋鼠是群居动物，喜欢社交，有时三三两两在一起，有时一群袋鼠多达百只。一个袋鼠群体，由一只成年雄性袋鼠领导，带领着一群雌性袋鼠和一些小袋鼠。袋鼠群体有着严格的等级制度，每个袋鼠成员都有自己的位置。领头的雌性袋鼠，通常是最年长的那位，负责教育年幼的袋鼠遵守群体规则；族群有一名岗哨，负责观察周围情况，一旦发现潜在的危险，便立即使劲用脚踩地面，发出声音警告群体成员。听到警告的整个族群立即四散开来，只有袋鼠妈妈们和宝宝依然守护在一起。

成年袋鼠的体形很大，因此它们很少有天敌。但是，袋鼠宝宝有可能被大鸟捕食，比如楔（xiē）尾鹰。袋鼠宝宝和体形稍小的袋鼠妈妈也会遭到成群的澳洲野狗突袭。野狗群袭击袋鼠时，领头的野狗会朝自己同伴"埋伏"的地方驱赶袋鼠，等到袋鼠被追赶到它们的目标地点时，它们才一跃而起，咬住袋鼠的脖子不放。

袋鼠也会反击，用锋利的前爪去挠野狗，并用脚踢它们。被野狗追赶时，袋鼠也会把野狗往水塘边引，然后一把抓住野狗摁到水里。如果是一群野猪袭击

在澳大利亚的塔斯马尼亚岛上，没有任何肉食动物存在，也只有在那里，袋鼠才不会受到野狗的威胁。

在袋鼠群体中，领头袋鼠的任期通常只有一年，然后就会有更强壮的袋鼠站出来打败它，成为新的首领。

雄性袋鼠在追求异性、向异性示爱时，通常发出咔嗒咔嗒的声音，来安抚和吸引异性。

在美国佐治亚州有一个袋鼠保育中心，这里是除了澳大利亚之外，拥有袋鼠数量最多的地方，这里的袋鼠都来自官方的收集。

一只袋鼠，袋鼠则很难逃脱。

雄性袋鼠的拳脚功夫不错，但不是为了防身。袋鼠们偶尔打闹，比试一下拳术和力量，并不会伤及对方。但在求偶的时候，它们也会为了赢得雌性的芳心而大打出手。搏斗时，袋鼠会用前爪挠、戳对方，还会使劲推，直到对方失去平衡，倒在地上。有时候，它们会用尾巴撑起身体，像坐在三脚凳上一样，然后抬起一条后腿，使劲踢向对方。直到其中一只袋鼠招架不住，落荒而逃。胜利的一方便可抱得美人归。

雌性袋鼠在择偶时十分挑剔，会将遇到的不中意的追求者赶走，直到体格健壮的如意郎君出现。择偶时，雌性袋鼠会站在那里不动，追求者就在它周围跳来跳去，并发出咔嗒咔嗒的声音。然后，追求者会抚摸雌性袋鼠的前胸、脖子和尾巴。如果它不喜欢这个追求者，就会蹦跳着离开；如果喜欢，就在一起了。

袋鼠并没有固定的交配季节，它们可能在一年中的任何时间生小宝宝，每胎只生一只。袋鼠妈妈怀孕29—38天后，就会生下小宝宝，这时候的袋鼠

宝宝只有一个曲别针大小，皮肤粉红，还没有毛发生长出来，眼睛也还看不见，但是已经会爬了，嗅觉也很灵敏。小宝宝生下来仅需三分钟，就可以抓着妈妈的毛发，跟着嗅觉，一路从产道爬进肚子上的口袋里，这个口袋就是育儿袋。袋鼠宝宝在育儿袋里找到乳头，一口咬住，乳汁便立即喷出来，流进宝宝的喉咙。前三个月，袋鼠宝宝就这样住在妈妈的育儿袋里，生长非常缓慢。三个月后，妈妈的乳汁会发生变化，有了更多的蛋白质和脂肪，袋鼠宝宝的

对袋鼠而言，相对用趾甲锋利的后腿进行"拳击"，用前腿互相打击就温柔多了。

在袋鼠群体里，哪怕只有一只袋鼠觉察到危险存在，其他成员也会立即四下察看。

成长就快多了。

　　大袋鼠和红袋鼠出生后，在妈妈的育儿袋里生长到六个月大时，就可以出来活动了。灰袋鼠则需要在育儿袋里多待两个月。从育儿袋里出来之后，小袋鼠们就开始以草为食，它们仍然会时不时地钻进育儿袋，寻求妈妈的保护，也会继续吃奶。这样再过6—8个月，小袋鼠们才正式离开妈妈的怀抱。当红袋鼠年满一周岁、灰袋鼠一岁半时，它们就可以离开妈妈，自己独立生活。雌性红袋鼠和灰袋鼠长到14—18个月大时，达到性成熟，就可以寻找心仪的伴侣了。

　　除了西部灰袋鼠，其他所有种类的袋鼠繁衍（yǎn）后代，都会受到气候条件的影响。在干旱的季节里，植被稀少，如果袋鼠妈妈育儿袋里已经养着一只小袋鼠，这时候又怀孕了，袋鼠妈妈就会暂时减缓胎儿的发育，直到育儿袋里的小袋鼠离开口袋生活。这个减缓胎儿发育时间的方式叫作胚胎滞（zhì）育，胚胎在母体里的暂停发育时间，会持续到周围生存环境好转时，有时会有11个月之久。这样，袋鼠妈妈就可以选择宝宝出生的时机，以确保小袋

袋鼠宝宝身体还不能自主调节体温，它们需要依赖妈妈的育儿袋来保持温暖。

袋鼠妈妈可以一边照顾蹦蹦跳跳的小袋鼠，一边在育儿袋里养育刚出生不久的袋鼠宝宝，同时肚子里还可以怀着一个等待发育的袋鼠胎儿。

鼠一出生就有充足的食物。袋鼠妈妈可以同时养育两只不同大小的袋鼠宝宝，并且分别分泌不同的乳汁喂养它们。当老二刚出生，钻到妈妈的育儿袋里时，妈妈就分泌新生宝宝需要的乳汁来哺育它，而老大在外面玩够了，回到育儿袋里吃奶时，袋鼠妈妈又会分泌不同的乳汁。

食物短缺的时候，袋鼠们就不能像以前那样白天躺在树荫下睡大觉，晚上才出来觅食。它们需要从早到晚不停地寻找食物，有时候还会去城镇里，像公园、草坪、高尔夫球场、体育场，这些地方都是袋鼠钟爱的聚集地，不管那里有没有人类居住。尤其当只有这些地方才有绿地时，袋鼠们会一直在那里待着，赶也赶不走。

野外生存的袋鼠正常寿命为12—18年（根据食物充足与否，寿命长短会有些微变化），人工圈养的袋鼠可以活到25岁。在整个生命周期，袋鼠都能够适应与人类共存。

袋鼠通常表现得十分温顺，然而生存在野外的袋鼠，身高体重可长到与成年男子不相上下，其实是潜藏着危险的动物。荒野之中的袋鼠如果认为人类

威胁到它的安全, 就会拍打、抓挠, 甚至用脚踹对方。即使人类饲养的宠物, 也会遭到袋鼠的袭击, 因为在袋鼠眼里, 狗也是威胁它们安全的生物。

随着城市的扩张, 袋鼠也渐渐不怕人了, 它们经常去有人类居住的地区活动。

早期来到澳大利亚的大陆原住
民掌握了各种猎杀袋鼠的技巧。

精力充沛

四万五千年以前，有人类从亚洲迁徙南下，定居在澳大利亚，袋鼠就成为了澳大利亚土著的文化象征。18世纪末，欧洲人第一次踏上澳大利亚这块土地，发现当地有很多原住民，他们分成大约700个部落各自生活，并且有200多种不同的语言。最早的原住民以捕猎为生，在他们的语言里，袋鼠有40种不同的名称。那时候，女人主要负责采摘浆果等水果，并且采集植物、鸟蛋，而男人的主要任务是打猎，捕捉一些大型的、通常不会飞的鸟类，比如鸸鹋（ér miáo）、大鹅，以及各种陆地动物作为食物。人们会设计一些陷阱，用来捕捉沙袋鼠和草原袋鼠——这些都是袋鼠的近亲，只是体格要小很多。如果人们想要捉到袋鼠，就要用到回旋镖了。

回旋镖是一个扁平的、木制的武器，形状弯弯的，有点像个扳弯了的大棍子，扔出去可以再飞回来。一个熟练的回旋镖投手可以轻易地击倒一只袋鼠，甚至是一只身材高大的雄性袋鼠。"回旋镖"一词源于土著语。那时，人们经常猎杀袋鼠。袋鼠全身都可以为人所用，不会浪费，袋鼠肉可以吃，也可以晒成肉干，

回旋镖已经有三万年的历史。科学家相信，回旋镖是最早的重量超过空气的"飞行物"。

澳大利亚土著创作了本土故事《梦想时间》，其中经常出现他们祖先的魂灵。

澳大利亚本地的农民会焚烧枯草，来促进新草的生长，以确保袋鼠在附近的生活。

以备后用；骨头也是宝贝，可以用来制作工具、武器，还可以用来做成缝衣针。尾巴上的筋腱可以制作成线，用来缝衣服，就连猎人身上穿的衣服，也是用袋鼠和其他动物的毛皮制成的。袋鼠的毛皮还可以用作毛毯，或制成用来储水的包包。

在澳大利亚民间传说和宗教故事中，很多内容都与袋鼠相关。早期的原住民还没有开始使用文字，他们用图画来记录发生的事情。在岩石表面和洞穴壁上，他们用木炭、白色陶土，以及赭 (zhě) 石来作画，或者使用模板印图。赭石是用陶土制作的，有黄色和红色。在整个澳大利亚，已经发现的这种画作，至少有十万处。

在澳大利亚北部地区的海滨城市达尔文，有个卡卡杜国家公园，人们能看到目前发现的最古老的袋鼠壁画。这里的洞穴壁画，已经有一万多年的历史了。2003 年，在澳大利亚东南角，新南威尔士州首府悉尼市再往东南，人们发现一处四千年前的土著壁画。在不远处的瓦勒迈国家公园，一片新开发的区域里人们又发现了二百多处独立的壁画内容包括蜥蜴、鸟类、袋熊，还有袋鼠。这些画在岩石表面的图画也

叫作人兽像，它们都是半人半兽的图像。有些图像看上去是人身上长着鸟的脑袋，有些是看上去像人类的袋鼠。

这些图都与宗教有关，在当地土著的信仰里，这些动物都扮演着重要的角色。每个部落都有自己的图腾，每个图腾象征着部落的领地和祖先。土著们相信，他们祖先的神灵附着在部落图腾的身上。这些图腾有的是植物，有些则是动物。常见的图腾有鸸鹋和袋鼠。如果一个人视袋鼠为神灵，人们则称他为袋鼠信徒。大多数部落规定袋鼠信徒不能吃带血的袋鼠肉，必须煮熟了吃。甚至在一些部落里，屠杀袋鼠是明令禁止的。

远古时期的土著部落分散在澳大利亚的各个地方，并没有关联，因此他们各自有其独特的岩画艺术。

老袋鼠之歌

约瑟夫·鲁德亚德·吉卜林

这首歌朗朗上口
是一只雄袋鼠赛跑的故事
那是袋鼠生活中，仅有的一次赛跑
赛跑由大神恩公发起
袋鼠在前面跑啊跑，黄狗丁哥在后面追啊追

袋鼠跳走了
它的后腿一上一下的像个活塞
从早上跳到晚上，能跳七八米高
黄狗丁哥累趴下了
看上去像远处的一朵黄色云彩
跑了一整天，丁哥都没时间叫唤
它们的确跑了很远

没有人知道它们去了哪里
没有人能够找到它们的足迹
因为那片大陆土地还没有名字
它们跨越了三十个纬度的距离
从托雷斯海峡跑到卢因角（从澳大利亚北边到南边）
然后又原路返回

假设你能一路小跑
从阿德莱德跑到太平洋（从澳大利亚南边到北边）
只用一个下午的时间
这还只是袋鼠和丁哥所跑距离的一半
你会感觉非常热
但是你的腿会变得非常强壮
是的，你这个熊孩子
你将会变得人见人爱

塔斯马尼亚岛上的原住民已在那里生活了几千年。有一群人称自己为"Palawa"，意指"先来的人"。在他们的信仰里，有一位造物主在袋鼠的基础之上创造了人类。很久以前，当地土著不穿衣服，只是把袋鼠皮毛披在肩膀上，在身上涂满用赭石和鸟类脂肪混合制成的颜料。尽管 Palawa 居民猎杀袋鼠和沙袋鼠，但他们依然敬仰这些动物，猎杀之后，人们一起祈祷并跳舞，来表达对动物的感激之情。

关于袋鼠名称的由来，有一个传说，英国的詹姆斯·库克船长于 18 世纪中后期到达澳大利亚，看见一只袋鼠，他问当地土著那是什么动物。那名土著回答："Kangaroo。"据说，"Kangaroo"在当地语言中的意思是"我不知道"。如今这个故事已经被证实是捏造的，然而这个传说依然在民间流传，很多人依然相信袋鼠名称的由来，就是那句"我不知道"。事实上，在 18 世纪中后期，詹姆斯·库克的确到过澳大利亚，因为他的"奋进"号船触礁（jiāo）受损，需要维修才能重回海上。在库克的船上，还有自然学家约瑟夫·班克斯，他记录了第一次

除了原住民，还有像澳大利亚航空这样的现代公司，也使用袋鼠作为识别标志。

澳大利亚皇家铸币厂位于堪培拉,自1965年以来,那里铸造出来的硬币,有一百四十多亿枚。

19世纪初,驻澳大利亚的欧洲人发现,袋鼠尾巴上的筋腱可以制作成线,用于外科手术缝合。

看到袋鼠的情形,还学会了土著语里袋鼠真正的名称"*gungurru*"。

欧洲人很快就意识到袋鼠的商业价值,开始猎杀袋鼠,获取它们的毛皮和肉。19世纪初,袋鼠的数量急剧下降,然而在繁殖几代之后,澳大利亚大部分地方的袋鼠数量依然能够保持稳定的状态。到了19世纪中期,欧洲人的殖民行动仍在继续,当地艺术和建筑业也出现了袋鼠元素。袋鼠石像出现在一些建筑物的楼顶,门窗上面也随处可见袋鼠的图画,在公园和城市中心,也可以见到石头雕刻或者金属铸造的袋鼠雕像。

直到今天,袋鼠一直被视为澳大利亚的标志,是公认的澳大利亚独有的野生动物。在澳大利亚的国徽上面,有一只袋鼠和一只鸸鹋,这两种动物的特点是只能前进,不能后退。澳大利亚还将袋鼠和鸸鹋视为国家自然文化遗产,以及国家未来发展的标志。跳跃的袋鼠长期以来一直是澳大利亚人乐观态度的标志,也是澳大利亚航空公司的象征,在澳大利亚很多硬币上面也有袋鼠。2009年,澳大利亚发行了一套金币,共有八枚,在这套硬币上,正面图像

是英国女王伊丽莎白二世（澳大利亚是英联邦成员）；有三枚硬币的反面，是一只跳跃袋鼠的图像，而另外五枚的反面，则是口袋里装着一只宝宝的袋鼠妈妈图像。

澳大利亚于 1908 年设计的国徽，1912 年又重新设计，加入了澳大利亚六大州的象征元素。

1994 年，科学家发现了沃洛尔病毒，大约 3% 的袋鼠在感染此病毒后会失明。

是敌是友？

据了解，袋鼠最早的祖先体形只有金花鼠那么大。大约一亿两千五百万年以前，在中国就有了有袋动物，即中国袋兽。袋兽用四肢走路，以各种虫子为食，跟现在的负鼠一样。两千五百万年前，袋鼠体形变得更大，它们长出了小尖牙，也许还会爬树。而像现在的袋鼠那样真正跳跃前进的袋鼠，则在一千五百万年前才在澳大利亚出现。

几百万年以来，在澳大利亚的平原和森林中，体形庞大的短脸袋鼠（*Procoptodon goliah*）一直占有主导地位。短脸袋鼠站起来足足有 3 米高，爪子也大得吓人，后脚爪也很锋利。直到四万年前，一场严重的干旱，使澳大利亚大多数的大型动物和鸟类不幸灭绝，短脸袋鼠也未能幸免。为了生存，袋鼠逐渐进化，体形小了一些，变成今天我们熟知的袋鼠。

在澳大利亚，袋鼠受到法律保护，然而，近几十年来，在立法者、公民以及保守党派之间，出现了一些反对保护袋鼠的声音。一些人视袋鼠为余食赘(zhuì)行，认为其数量需要得到控制；另一些人则认为袋鼠是澳大利亚的国家标志，并且是当地生态环境的重要组成部分，理应受到保护；还有一些人

短脸袋鼠体形巨大，也许身手并不敏捷，跑起来比现代袋鼠要慢一些。

经过四万年的进化，袋鼠的牙齿渐渐变短，目前袋鼠的牙齿比它们的祖先小了三分之一。

袋鼠在吃草的时候，会将它们的尾巴支在地上以保持平衡，像坐在三脚凳上那样。

东部灰袋鼠栖息在森林中，因此人们称它为"守林员"；西部袋鼠身上臭臭的，被人们称为"臭鬼"。

则从袋鼠身上看到了商机。一方面需要控制袋鼠数量，一方面又要保护袋鼠不被猎杀殆 (dài) 尽。科学家们和野生动物管理部门需要齐心协力，寻找一个理想的平衡点。

相当一部分农场主视袋鼠为灾害，因为袋鼠是食草动物，会跟他们饲养的牛羊争抢粮食。在位于悉尼的新南威尔士大学，人们开展了一项研究。他们发现，袋鼠其实不会给牧场带来负面影响，但是如果袋鼠闯入牧场，法律仍然允许农场主开枪射杀。在城区，袋鼠也会对人身安全造成威胁，自 1990 年以来，在澳大利亚首都堪培拉，袋鼠的数量甚至超过当地人口数，达到惊人的三比一。每年新闻报道的交通事故中，有五百多起是由袋鼠引起的。在澳大利亚的其他城市，袋鼠的数量也是越来越多，人们同样需要与袋鼠作斗争。

在堪培拉，调查人员一直在研究澳大利亚本土环境以及城市中袋鼠的活动方式想要制定一些策略，使袋鼠在城区能够与人们和平共存。2009 年，有 24 只袋鼠戴上了电子项圈，作为收集数据的样本，记录袋鼠在两年内的活动情况。每个项圈里装有全球定

位系统 (GPS) , 跟踪定位袋鼠的活动方位。他们用麻醉枪把袋鼠射晕，给袋鼠戴上项圈，然后放归自然。项圈是精心设计过的，两年后会自然脱落，研究人员可根据定位将其收回，然后提取宝贵的数据进行研究。

控制袋鼠数量见效最快的方法就是捕杀。对此，澳大利亚居民有两种对立的态度。有一些人，比如农场主和牧场主，巴不得赶紧消灭袋鼠，而其他人则希望政府能够想出更好的办法，来控制袋鼠的数量。野生动物保护组织正式提出法律申诉，抗议政府的杀戮 (lù) 行为，理由是屠杀袋鼠的行为非常残忍，并且没有必要。多数情况下，在城市中大量猎杀袋鼠的计划，最后都由于民众反对而被叫停，然而在澳大利亚的大部分城区，政府依然固定并且谨慎地想办法控制袋鼠的数量，比如设圈套捕捉，或者使用麻醉枪击晕袋鼠，将它们转移到城市以外的区域。

还有一种减少袋鼠数量的方法，与商业化的野生动物贸易相关。在澳大利亚，很多公司都获得授权，可以射杀袋鼠，售卖它们的毛皮制品和肉

与狗相比，袋鼠更容易驯化，然而袋鼠性格相对独立，更难控制。

袋鼠天生对扁虱（shī）有免疫力，科学家们正在研究这种基因，希望能将其复制到其他家畜身上。

制品。每年，政府都会清点袋鼠的总量，这个数量决定了有多少袋鼠可以猎杀，也就决定了贸易公司每年的"收成"。自1978年以来，各种组织或团体乘坐小型飞机前往袋鼠的栖息地，去清点规划区域内袋鼠的数量，然后确定当年猎杀袋鼠的限定数量，允许猎杀的袋鼠最多不能超过这个限定数量。

在过去的25年间，袋鼠的数量一直在波动，处于一千五百万到五千万只之间。有些年份雨水充足，袋鼠数量就十分庞大，可猎杀的袋鼠定额数量就会很高。在干旱的年份里，袋鼠数量就会急剧减少，那么允许猎杀的数量就会非常低。最近几年，澳大利亚大部分地区都炎热干旱，猎杀袋鼠的配额都定在二百万到三百万只之间，这个数量大概是袋鼠总数的15%。在2009年，干旱天气有所缓解，猎杀配额就有四百万只。总的来说，实际猎杀的袋鼠数量，通常只占到限定配额的七成左右。

猎杀袋鼠振兴了一个产业，这个产业每年收益超过两亿美元。澳大利亚成功向超过55个国家和地区出口袋鼠肉制品以及毛皮制品。有研究人员甚至大胆

猜测，也许有一天，袋鼠肉将会取代牛肉，成为最畅销的肉制品。如今，袋鼠皮已经广泛应用于皮革制品，比如足球鞋、高尔夫球手套，以及棒球手套。袋鼠皮革制品上都会打上标记——"K"或者"RKT"，RKT的意思是袋鼠皮革橡胶防水工艺。

袋鼠很聪明，它们知道干旱缺水的季节里，去牧羊场总能找到水源。

另一个用到袋鼠的行业，是人类医学研究。袋鼠基因组项目正由袋鼠基因组中心（KanGO）推进。该中心由澳大利亚的一些大学和研究机构组成，它们自2004年起，就开始研究袋鼠的遗传基因。在已经开展的关于袋鼠的研究项目中，其中一个就是为了更进一步了解人类胚胎和胎儿的发育过程，因为袋鼠的新

澳大利亚大约有 400 个不同的土著族群。

生胎儿是在母体外形成的，研究人员能仔细观察哺乳动物的胎儿。

袋鼠基因组中心也正在尝试复制袋鼠的基因，将其导入奶牛，促使奶牛产出更多的奶。与牛奶相比，袋鼠奶具有更高的营养价值。并且袋鼠奶中含有高效的抗生素，可以最大程度地使幼崽远离疾病带来的夭折可能。科学家正在努力研究这些物质，期待有一天能够复制，为人类所利用。

澳大利亚是奇特的"南方大陆"，而袋鼠则是这片土地的美好象征。除了满足游客的猎奇之外，在人类社会中，袋鼠还扮演着其他重要角色。适当控制袋鼠的数量，才能确保澳大利亚成为袋鼠永恒的家园。

在澳大利亚，很多汽车前面都有专门的保险杠，那是一个额外安装的由厚实的金属组成的护罩，能在车子与袋鼠相撞时，起到保护作用。

动物寓言：为何袋鼠跳跃前进

袋鼠是澳大利亚土著文化不可或缺的部分。在澳大利亚土著文化的音乐、绘画等艺术作品和各种故事中，都有袋鼠的踪影。在这个澳大利亚的传说故事里，解释了袋鼠为什么要跳跃而不是奔跑前进，以及在被人类猎杀时，袋鼠是如何逃生的。

很久以前，袋鼠也跟野狗一样，用四条腿走路。它在平原上和森林里到处寻找可吃的草和树叶。

后来，人类来到了澳大利亚，开始猎杀各种动物。他们制作了回旋镖，在所有四条腿的动物中，没有谁可以逃脱回旋镖的袭击。袋鼠跟其他动物一样，非常害怕人类，因为人类有如此厉害的武器。

有一天，袋鼠美美地吃完早餐后正在休息，忽然听到草丛中有什么声音，而且声音越来越近，有什么东西正在朝它靠近。袋鼠吓得一下子跳了起来，正好看见一个手上拿着回旋镖的人站在面前，直勾勾地看着自己。

袋鼠赶紧跑开了。这个人在后面追，它飞跑着越过平原草地。然后，这人扔出了回旋镖。袋鼠往下一蹲，正好看见回旋镖嗖的一下从自己面前飞过，在空中划出一道长长的抛物线，然后又飞回到人的手中。

袋鼠惊恐无比，它跑得更快了，然而，这个人却一直紧紧地跟在袋鼠身后。

终于，太阳下山了，袋鼠可以休息休息了。在黑暗中，它躲入了草丛里。袋鼠知道那个人并没有走远，第二天早上，那人又会拿出回旋镖，想要杀掉自己。袋鼠又累又害怕，它蜷缩着身体，

渐渐进入梦乡。

过了没多久，袋鼠被一阵噼啪的响声惊醒，它闻到了烟味，原来是木头在燃烧。那个人燃起篝（gōu）火，正坐在那里伸着手烤火取暖呢。那人离袋鼠非常近，袋鼠知道，只要自己一动就会被发现。这可大事不好，看上去袋鼠好像已经无路可逃。

袋鼠睡觉时还想着那个人，琢磨他为什么跑得那么快。那个人用两条腿跑，而不是用四条腿，然而他却能够紧跟着自己。也许两条腿比四条腿跑得更快呢，

袋鼠琢磨着。

天亮了，袋鼠也想明白如何逃跑了。它克服心中的恐惧，一跃而起，用两条后腿站起来。它想要用两条腿跑开，可是它两条腿却怎么也不能前后分开。那个人看见了袋鼠，伸手去拿他的回旋镖。

恐惧激发了袋鼠的潜能，它双腿蹬地，一跃而起，腿向前伸，落地，完成一次跳跃。然后它跳啊跳，跳啊跳。它用自己的大长尾巴保持平衡，跳得越来越远。那个人企图追上，却怎么也跟不上袋鼠跳跃的速度。那人扔出了回旋镖，

然而，回旋镖飞向袋鼠的那一刹那，袋鼠从上面跳了过去。很快，那个人就追不上袋鼠了。

袋鼠想，这是最好的前进方式了。它向其他袋鼠展示了如何用后腿跳跃。后来，袋鼠的前腿就变得越来越小，后腿却进化得越来越强大。

这就是袋鼠起身一跳，可以跃过人的头顶，跳跃几步就可以把人远远地甩在后面的原因。

小词典

【澳大利亚土著】
澳大利亚本土居民，在欧洲殖民者到来之前，就已经居住在这片土地上的人。

【进化】
事物由简单到复杂，由低级到高级逐渐发展变化。

【抗生素】
某些微生物或动植物所产生的能抑制或杀灭其他微生物的化学物质。

【澳大拉西亚】
澳大利亚、新西兰，或者澳大利亚东北部岛屿。

【生态系统】
生物群落中的各种生物之间，以及生物和周围环境之间相互作用构成的整个体系。

【蒸发】
液体表面缓慢地转化成气体的过程。

【胚胎】
在母体内初期发育的动物体，由卵受精后发育而成。

【波动】
数据升升降降，处于不稳定的状态。

【妊娠】
人和动物母体内有胚胎发育成长。

【全球定位系统（GPS）】
通过导航卫星对地球上任何地点的用户进行定位并报时的系统。由导航卫星、地面台站和用户定位设备组成。用于军事，也用于其他领域。

【等级制度】
在人群、动物群或某一堆事物中，按照重要程度划分等级的制度。

【余食赘行】
吃剩的食物，身上的赘疣。比喻遭人讨厌的或者有害的东西。

【色素】
使机体具有各种不同颜色的物质。

【陷阱】
为捕捉野兽或敌人而挖的坑，上面覆盖伪装的东西，踩在上面就掉到坑里。

【无生育能力】
不能繁衍后代。

【腱】
连接肌肉与骨头的结实无弹性组织。

【图腾】
原始社会的人认为跟本氏族有血缘关系的某种动物或自然物，一般用作本氏族的标志。

部分参考文献

Dawson, Terence J. Kangaroos: Biology of the Largest Marsupials. Sacramento: Comstock Publishing, 1995.

Department of Foreign Affairs and Trade. "Kangaroos." Australian Government. http://www.dfat.gov.au/facts/kangaroos.html.

Dickman, Christopher, and Rosemary Woodford Ganf. A Fragile Balance: The Extraordinary Story of Australian Marsupials. Chicago: University of Chicago Press, 2008.

Kangaroo Industry Association of Australia. "How the Kangaroo Industry Works." KIAA. http://www.kangaroo-industry.asn.au/industry.html.

McCullough, Dale R., and Yvette McCullough. Kangaroos in Outback Australia. New York: Columbia University Press, 2000.

Watts, Dave. Kangaroos & Wallabies of Australia. Chatswood, New South Wales, Australia: New Holland Publishers, 1999.

注意:

我们力保以上罗列的网站在本书出版之际仍保持运营。但由于互联网的特性，我们不能确保这些网站能无限期活跃，也不能保证里面的内容不会改变。

＊本书动物科学知识由浙江大学动物科学学院徐子叶女士审订。

袋鼠可能会沿着海滩跳，或
者跳入浅滩，但不会去很远
的地方，除非是为了逃命。

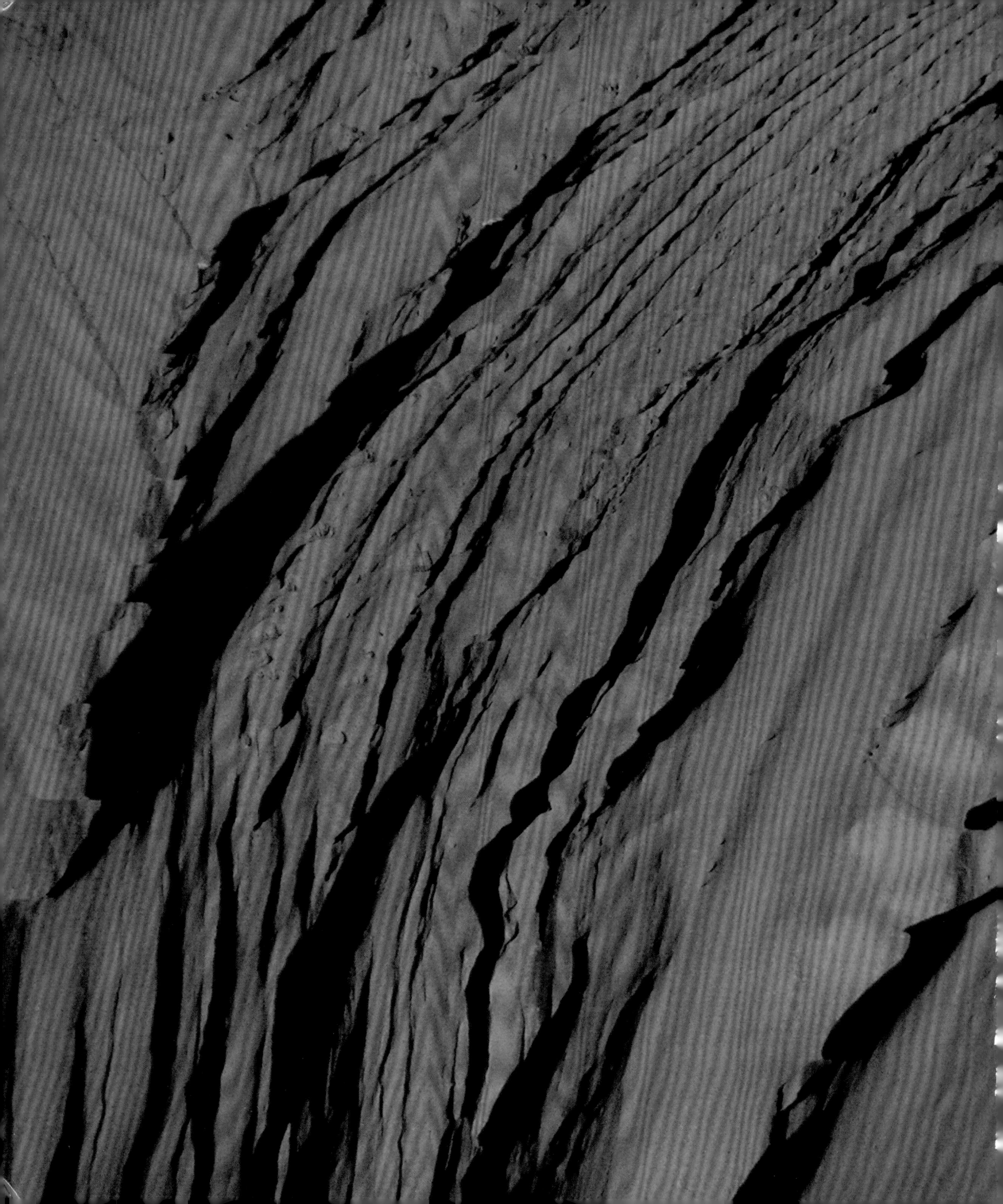